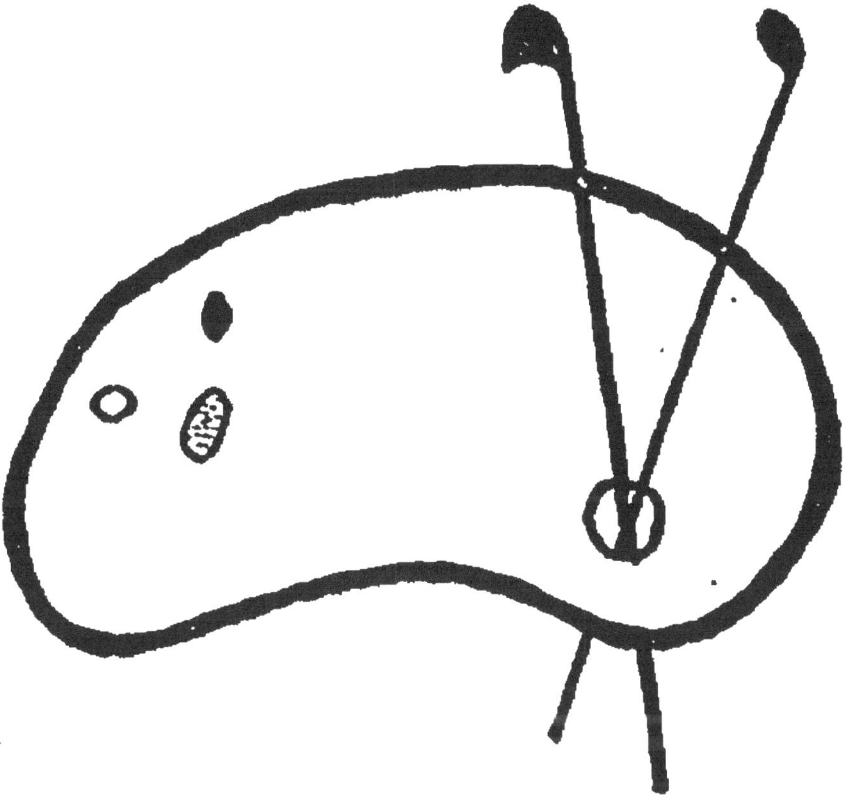

R. de FLOTTE DE ROQUEVAIRE

CARTE DU MAROC

A L'ÉCHELLE DU 1.000.000^e

NOTICE ET INDEX BIBLIOGRAPHIQUE

PARIS
MAISON ANDRIVEAU-GOUJON
HENRI BARRÈRE, ÉDITEUR GÉOGRAPHE
4, RUE DU BAC, 4

1897

Maison ANDRIVEAU-GOUJON. — H. BARRÈRE, éditeur,
4, rue du Bac, Paris.

CARTE D'AFRIQUE

DRESSÉE PAR LES SOINS

DE LA SOCIÉTÉ DE GÉOGRAPHIE DE PARIS

A L'ÉCHELLE DU 1.000.000[e]

Une feuille grand univers (100 × 130), gravée sur pierre en trois couleurs et coloriée au patron pour les limites des différentes possessions européennes.

Prix en feuille sous couverture. . . . . . . 7 fr. 50

Collée sur toile, pliée et reliée. . . . . . . 12 fr. »

Collée, vernie et montée sur gorge et rouleau. . . . . 15 fr. »

Laval. — Imp. et Stér. E. JAMIN, 8, rue Ricordaine.

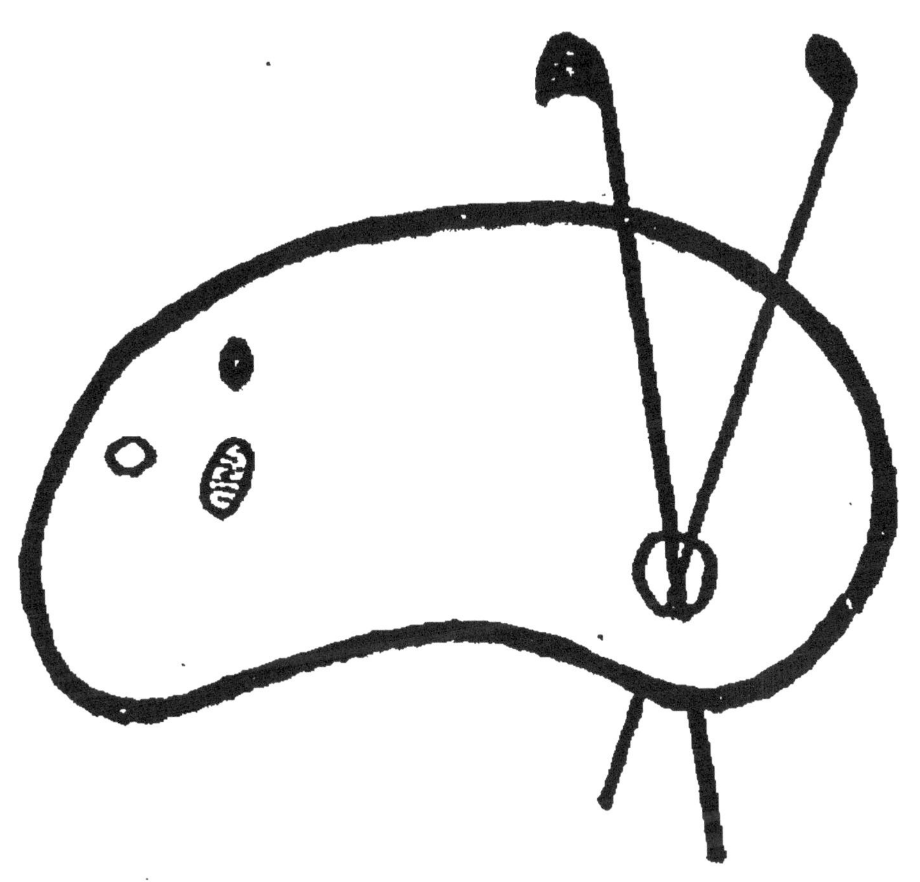

FIN D'UNE SERIE DE DOCUMENTS
EN COULEUR

CARTE
DU MAROC

A l'échelle du 1.000.000e.

NOTICE

Parmi les cartes d'ensemble du Maroc, il en est trois qui marquèrent lors de leur apparition un véritable progrès sur les travaux antérieurs. La première est celle que dressa, en 1846, M. E. Renou pour accompagner son ouvrage intitulé : *Description géographique de l'Empire de Maroc.*

A cette époque, les documents sur cette région du nord de l'Afrique n'existaient qu'en petit nombre, et, cependant, le tracé auquel s'arrêta M. Renou approche assez de ce que les explorations successives nous ont fait connaître. Deux ans plus tard fut publiée, au Dépôt de la guerre, la carte de l'Empire du Maroc, du capitaine Beaudoin. Ce très important travail fut le principal document sur le Maroc jusqu'à ce que le voyage de M. le vicomte Ch. de Foucauld, en 1883-84, vint en améliorer considérablement, presque renouveler, la géographie. Dressée en grande partie sur les renseignements des indigènes recueillis et coordonnés par l'auteur, auquel la situation d'officier des bureaux arabes donna des facilités particulières d'investigation, cette carte est encore actuellement la plus importante source cartographique concernant la région du Rif.

Dans ces dernières années, un dessin rajeuni du Maroc fut donné dans la carte d'Afrique dressée en 1887 par le lieutenant-colonel de Lannoy de Bissy.

La carte actuelle du Maroc au 1.000.000[e] a été dressée d'après tous les documents, cartes ou livres, imprimés ou manuscrits, qu'il a été possible de consulter à Paris, à la Bibliothèque Nationale et à la Société de Géographie. Je suis particulièrement reconnaissant à M. G. Marcel, conservateur de la section des Cartes à la Bibliothèque Nationale, d'avoir bien voulu m'aider de ses conseils et de son expérience.

Parmi les travaux manuscrits employés, il est nécessaire de citer d'une façon spéciale les notes que le commandant du génie Jules Le Vallois, ancien chef de la Mission militaire française au Maroc, a bien voulu me communiquer avec la plus gracieuse bienveillance.

Le commandant Le Vallois eut la possibilité de parcourir pendant trois années, avec les armées du Sultan, des régions impénétrables aux voyageurs ordinaires. Au cours de ces voyages, les itinéraires suivis furent par lui relevés à la boussole et au pas du cheval étalonné avec soin, tandis que les hauteurs barométriques et thermométriques en nombre très considérable — dix-sept cents environ — fixaient l'altitude des camps et des principaux points de l'itinéraire.

Consignées sur des carnets au fur et à mesure des étapes, toutes ces notes me permirent de dresser à grande échelle plus de deux mille kilomètres de lignes de marche, pour la plupart nouvelles, et de calculer environ deux cents altitudes.

De même, on possède actuellement, grâce aux travaux du commandant Le Vallois, de nombreux plans de villes, principalement Meknes et Fez au dix-millième, El Araïch, Rabat, Kasba Tadla et Mazagan, sur lesquelles on n'avait jusqu'à ce jour que des données incomplètes ou inexactes.

Cet apport précieux à la géographie du Maroc a permis de compléter dans de grandes proportions la région située entre Meknes, Rabat et Maroc, et dans des pays plus connus de fixer la route de Maroc à Tanger par la côte, et celle de Fez à Meknes et Tanger, parcourue à plusieurs reprises par le même officier.

Aucune entreprise d'ensemble n'a pu être tentée au Maroc, à cause de l'hostilité traditionnelle des habitants ; c'est à grand peine que le levé des côtes a pu être mené à bien, la plupart du temps sous voiles, sauf dans le détroit de Gibraltar.

Les cartes ne sont donc que la juxtaposition des itinéraires et des travaux de détail exécutés par les voyageurs qui ont pu pénétrer dans l'intérieur du Maroc : entreprise réalisable dans les régions soumises au Sultan, parcourues à maintes reprises, par les ambassades principalement ; très difficile dans les territoires insoumis où la tenue européenne doit faire place au costume musulman ou juif, avec tous les périls qu'un pareil déguisement entraîne avec lui.

Aussi, peu de voyageurs ont-ils adopté ce mode d'exploration ; c'est à eux cependant que l'on doit les informations recueillies sur la majeure partie de ce que l'Europe appelle l'empire du Maroc.

Les cartes marines françaises pour le littoral méditerranéen et le détroit de Gibraltar, anglaises et espagnoles du cap Spartel à l'oued Draa, ont servi à tracer le contour des terres. L'intérieur est basé sur l'itinéraire de M. de Foucauld, adopté sans aucun changement. C'est sur ces assises que les autres documents viennent s'appuyer, y trouvant pour la plupart un point de contact leur communiquant une assez grande solidité.

Dans le nord du Maroc, les cartes de M. Tissot, modifiées à l'aide des positions astronomiques déterminées par les lieutenants de vaisseau des Portes et François, en 1877, ont fourni le dessin de la région comprise entre le détroit au nord et Fez, Meknes et Rabat au sud.

Les routes proprement dites de Tanger à Fez par El Aratch ont été tracées d'après le commandant Le Vallois ; par El Ksar el Kebir, d'après de Foucauld. Les itinéraires de Beaumier, de Lenz, d'Erckmann, de di Boccard et de M. de La Martinière ont été indiqués.

D'après des notes manuscrites obligeamment communiquées par M. B. d'Attanoux, quelques modifications ont été apportées au tracé primitif des routes de Tanger à Fez. La ville de Ceuta et son territoire, la vallée de Tétouan ont été empruntés aux travaux espagnols parus à la suite de la guerre de 1859-60. La position de Tétouan et la route Tanger-Tétouan-Chechaouen, sont tirées de l'ouvrage de M. de Foucauld.

Le voyage d'El Ksar el Kebir à Ouezzan, à Meknes et à Fez par Sfrou a été effectué par M. de La Martinière en 1884. Les lignes de marche ont été tracées d'après les cartes contenues dans « Morocco » paru en 1889, tandis que les altitudes mentionnées sont empruntées à une note publiée en 1886 dans les compte-rendus de la Société de Géographie de Paris. L'esquisse des voyages de M. G. Delbrel a servi à porter ses itinéraires dans la région.

Les altitudes de Fez et de Meknes ont été puisées dans la « Reconnaissance au Maroc » ; les observations nombreuses faites en ces points par le commandant Le Vallois concordent avec celles de M. de Foucauld, et en confirment l'exactitude.

Le Rif est tout entier tiré de la carte du capitaine Beaudoin, adaptée au tracé des cartes marines. L'exemplaire employé est de la première édition et non de la réimpression en zincographie, ce qui a permis de rectifier des erreurs portant sur la nomenclature — erreurs reproduites dans toutes les cartes — et d'introduire quelques noms nouveaux.

Dans la partie centrale du Rif, entre la baie d'Alhucemas et Taza, figure en pointillé l'itinéraire suivi en 1667 par le français Roland Fréjus, dans son voyage auprès du Sultan Moulai er Rechid. Ces indications ont été prises dans la carte de Renou, et vérifiées à l'aide du petit ouvrage publié à la suite du voyage. Plus à l'est se trouve, entre la frontière française et Melila (ou Melilla), l'itinéraire de H. Duveyrier, en 1886, qui de l'oued Kiss, suivit la côte et en fit une reconnaissance complète ; mais il dut renoncer à traverser le Rif vers Fez, but de son voyage.

La route commerciale et stratégique de Fez à Oudjda a été reconnue par un certain nombre de voyageurs qui en ont effectué le levé. Cette trouée existant entre le massif du Rif au nord et les contreforts septentrionaux du moyen Atlas, au sud, donne passage à trois chemins qui mènent à Oudjda : par la vallée de l'oued Innaouen et Taza pour la route méridionale reconnue par de Foucauld ; par le Souk et Tleta des Hiaïna et les deux Miknasa, rejoignant la première à Kasba Messoun — c'est le terrain levé par le comte de Chavagnac (1881), de Foucauld (1883) et de La Martinière (1891), — enfin la route du nord, passant par le Tsoul, a été parcourue par le capitaine Colville (1879) et Delbrel (1891).

Cette région a été dessinée d'après de Foucauld et la carte de M. de La Martinière.

Ces routes se réunissent à la Moulouia ; de là à la frontière algérienne elles entrent en territoire mieux connu de nous.

On disposait pour les régions limitrophes de l'Algérie, jusqu'au 5°30′ environ de longitude ouest, des cartes du service géographique de l'armée. On s'est borné à les reproduire en les modifiant légèrement à l'aide des documents originaux de quelques missions militaires : colonne du général de Wimpff en 1870, du colonel de Colomb (1866), de 1882, ou de voyageurs ordinaires : Rohlfs (1862), Schaudt (1882), Duveyrier (1886), Delbrel (1891). A l'est de la Moulouïa figure l'itinéraire d'El Hadj el Bachir, qui se rendit à l'Oued er Retem en 1867.

Il n'a été indiqué, entre le Maroc et l'Algérie que la frontière, fixée par le traité franco-marocain de 1845, qui se termine au Teniet Sassi, à cent vingt kilomètres environ de la Méditerranée.

Toute délimitation officielle faisant défaut dans les régions situées au sud de ce point, il n'a pas été fait mention des tracés vagues, plus ou moins favorables à la France, qui sont portés sur certaines cartes. Cela ressort, d'ailleurs, plutôt de la politique que de la géographie.

Au sud de Meknes et de Fez s'élèvent les premiers contreforts du Moyen Atlas, hauts plateaux couverts de forêts, habités par les grandes tribus berbères des Zemmour, des Zaïan et des Beni Mguild, où les plus grands fleuves du Maroc prennent leur source : l'Oum er Rebia, l'O. Beht, le Sebou, sur le versant nord, et au sud la Moulouïa dans la large vallée qui sépare le Moyen du Grand Atlas.

Ces contrées ont été dessinées à l'aide de la carte du Service géographique, où les croquis faits pendant l'expédition de 1888 conduite par le Sultan contre les Beni Mguild, sont insérés ; à ce tracé a été adapté l'itinéraire de Rohlfs en 1864, qui se confond à Azrou avec celui de la colonne jusqu'à la Moulouïa. Pour les Aït Ioussi et la région supérieure de l'O. Sebou, on disposait d'un excellent levé au 100.000° du capitaine Berquin, qui fit colonne en 1881, de Meknes à Almis.

On a fait cadrer avec ce travail les routes de René Caillié et de Delbrel.

L'oued Moulouïa a été reconnue par de Foucauld qui, ici — comme dans les autres parties de la carte — a servi de guide, et par l'expédition de 1888 qui campa aux sources mêmes de l'oued.

La zone qui s'étend de Meknes à Rabat s'est enrichie de nouveaux détails dus au commandant Le Vallois, qui la traversa en 1883 et en 1885, et suivit la rive gauche du Bou Regreg ; sur la rive droite, des lieux de campement, accompagnés de cotes, ont été indiqués d'après la carte du Service géographique.

Les routes qui mènent au Tadla ont été faites par de Foucauld, qui de Meknes coupe au sud à travers la montagne, et par le commandant Le Vallois qui part de Rabat et passe par les Zaïr. Au Tadla se réunissent ces deux excellents itinéraires qui se complètent et se contrôlent l'un par l'autre jusqu'à l'Entifa.

C'est l'itinéraire Le Vallois qui est tracé le long de la côte entre Rabat et Mazagan. La carte de A. Beaumier a été reproduite à partir de ce point jusqu'à Mogador. Des villes de la côte se détachent des routes conduisant à Maroc : de Fedhala et de Casablanca par les Beni Meskin, route portée sur la carte d'après Crema, dont l'itinéraire s'appuie sur la position de Settat, donnée ainsi que l'altitude, dans la carte du Service géographique. Au levé de Crema ont été juxtaposées les indications relatives aux itinéraires Lenz (1879) et Washington (1830). De Settat part un chemin nouvellement indiqué qui gagne Maroc par Souinia et la traversée du Djebilet ; il est tiré de la carte de l'état-major français.

Pendant son voyage de retour, de Maroc à Tanger, le commandant Le Vallois a levé la route de Maroc à Mazagan, dont on ne possédait que d'approximatifs tracés. Des variantes de cette route ont été suivies par Ali bey el Abassi et le lieutenant Washington.

Beaumier et Thomson ont exécuté le voyage de Safi à Maroc, et l'on trouvera dans la carte les altitudes qu'ils y ont déterminées.

Plusieurs pistes mènent de Mogador à Maroc : au nord le chemin direct passant par Aïn Oumest et Chichaoua ; il est dessiné d'après Beaumier, qui a servi surtout pour le tracé, et Hooker et Ball (1871) qui ont observé un certain nombre d'altitudes, de même que les voyageurs von Fritsch et Rein (1872).

Au centre se trouve un chemin moins parcouru, il est emprunté aux travaux du capitaine Crema et du capitaine Martin. Enfin, la troisième route remonte la vallée de l'O. Kseb, l'O. Bou Habbout jusqu'à sa source et de là, par Imintanout et Amsmiz, gagne Maroc par la vallée de l'O. Nfis et Tamesloht. Cet itinéraire, levé par plusieurs voyageurs, a été dessiné entre Mogador et les Aït Zelten d'après Beaumier, modifié à l'aide de la position du point de passage du capitaine Erckmann, position qui a permis d'orienter l'O. Kseb, dont les voyageurs ont publié des esquisses très différentes. Les itinéraires de Hooker et Ball, de Thomson (1888) et de Boulnois (1887) ont été adaptés au tracé auquel on s'est arrêté.

Ce sont les résultats du dernier voyage de M. de La Martinière en 1891, consignés dans la carte de l'état-major, qui ont servi à dessiner la portion de route comprise entre les Aït Zelten et Imintanout. Dans la dernière partie on a eu recours aux données de Hooker, Lenz et Thomson.

De nombreuses observations d'altitude existent pour Maroc. Les résultats varient de plus de cent mètres. C'est le chiffre du commandant Le Vallois, 491^{m}, qui a été choisi et inscrit dans le corps de la carte. On trouvera dans le plan particulier de la ville le chiffre de 442ᵐ tiré de la Connaissance des Temps. Mais l'altitude déduite des observations du commandant Le Vallois paraît s'approcher davantage de la vérité, n'accusant que des différences de peu d'importance avec celles qui ont été fournies par Balansa, 501 ; Hooker et Ball, 512 ; Lenz, 531.

Trois chemins, plus ou moins praticables, donnent accès au Sous, en venant du versant nord du grand Atlas.

Le premier, partant de Mogador, est emprunté à M. de Foucauld ; il suit la côte à peu de distance. Plus à l'est se trouvent les défilés traversés par le capitaine Erckmann pendant la campagne de 1882 ; puis passé les hauts plateaux du Mtouga, dessinés d'après de La Martinière et la carte du Service géographique, on rencontre le col élevé de 1.500 mètres environ qui, de la haute vallée des O. Imintanout et Seksaoua, donne accès au versant du Sous. Le principal guide dans cette région est Thomson, qui se rendit en 1888 à Agadir par l'Ida ou Ziki et le foum Amskhoud. C'est dans la traversée du grand Atlas que de cette route se détache le chemin, dit de Bibaouan ou de Biboun (les portes), le plus fréquemment suivi, en particulier par Lenz et par M. de La Martinière, dont le travail a été reproduit ici.

Les vallées supérieures de l'Asif el Mehl, de l'O. Nfis, au sud d'Amsmiz, ont été dessinées d'après Thomson, dont on a conservé les altitudes ; le même voyageur, complété par Washington, Hooker, Balansa (1867) et de Foucauld, a fourni le tracé de l'Adrar n Deren qui se termine au Tizi n Glaoui à l'est. C'est dans cette région que doit se trouver le mont Miltsin, de Washington, non identifié jusqu'à présent, mais tout porte à croire que c'est le Dj. Tidili (3.500) de M. de Foucauld.

A l'est du Telouet, tiré de la Reconnaissance au Maroc, du même explorateur, se trouve, sur une distance de près de trois cents kilomètres, une région entièrement inexplorée, qui ne cesse qu'au Dj. Aïachi.

Le meilleur document que nous possédions sur cette partie du grand Atlas est l'ouvrage de M. de Foucauld. Le haut Dades est tiré de la carte du capitaine de Castries, ainsi que le Todgha supérieur, tandis que l'O. Gheris est venu de l'esquisse construite par M. G. Delbrel.

La région des sources de l'oued Ziz est empruntée à la Reconnaissance, complétée par l'indication des routes Delbrel et Schaudt (1882). A partir de Ksar es Souk, où le Ziz entre en plaine, c'est à l'aide des rares voyageurs, qui ont visité le Tafilelt, que l'on doit dresser la carte des oasis qui se rencontrent le long de l'oued.

Les documents de Rohlfs, en première ligne, ont été utilisés. Les positions de Bou-Am (Abouam) et de Rissani ont été déduites de leur distance (Rohlfs) à Ksar es Souk, point déterminé par de Foucauld. Le tracé du Tafilelt même est tiré du travail de Delbrel qui y séjourna en 1893. L'altitude en serait de six cents mètres environ, d'après le même observateur.

On a fait communiquer la daïa ed Daoura, formée par le Ziz, avec l'oued ed Daoura, contrairement aux indications portées ordinairement sur les cartes, qui interrompent le cours du Ziz à la daïa et font se jeter l'O. ed Daoura dans une seconde daïa de même nom, par 29°30' environ. Il a semblé plus naturel de préférer à ce tracé, assurément douteux, le premier, qui est adopté par le général Dastugue.

Entre le Tafilelt et l'O. Guir, s'étendent de grands plateaux déserts, qui ont été traversés par Rohlfs en 1862 et 1864 et par Schaudt en 1882.

Le cours supérieur de l'O. Guir a été suivi du Grand Atlas à Bou-Denib par Schaudt, dont l'itinéraire a été complété avec les cartes du général Dastugue. Au-dessous d'Oum ed Dribina, dernier point de l'expédition du général de Wimpffen, le Guir a été reconnu par Rohlfs, dont on a suivi le tracé.

A l'ouest de l'O. Ziz, le Gheris, le Ferkla, le Todgha sont empruntés à l'itinéraire de Foucauld, réuni au Tafilelt par Delbrel et W. Harris (1893).

Plusieurs rivières forment l'O. Draa ; l'O. Iriri descendant du dj. Siroua, l'O. Iounil et l'O. Ait Tigdi Ouchchen forment l'O. Idermi, inexploré, qui, réuni à l'O. Dades, donne naissance au Draa proprement dit. Pour toute cette région, l'unique guide est le grand explorateur du Maroc, M. de Foucauld.

Harris et Delbrel ont fait l'itinéraire direct du Dades au Telouet par le Haskoura, en 1893.

Le district de l'O. Draa, tiré en entier de la carte de M. de Castries, a été placé par la distance au Mezgita, reconnu par M. de Foucauld.

Sur les données du même auteur a été établi le dessin du versant sud du petit Atlas, le Dj. Bani, les trois grandes oasis de Tisint, de Tatta et d'Akka, ainsi que le Sous. Les renseignements recueillis par le capitaine de Castries sur les régions situées entre Draa et Sous ont permis de tracer sommairement les affluents de gauche de l'O. Sous.

On disposait pour construire le Tazeroualt et les territoires adjacents des travaux de Lenz, auquel on a pris la position d'Iligh, placé par la distance au point dit Taourirt ou Seliman, commun avec l'itinéraire de Foucauld ; puis, du levé intéressant du rabbin Mardochée, dont la seconde partie a pu être placée approximativement à l'aide des abords du levé de Lenz.

La position de Glimin, principal lieu habité du district de l'Oued Noun est tirée de la carte de Camille Douls (1887). Les environs sont détaillés d'après Joaquin Gatell et Jannasch. Entre Glimin et le Sous, la route a été dessinée d'après Jannasch (1886) complété par L. Panet (1850), Cochelet (1819),

Douls et Erckmann. Des indications sommaires sur les tribus du Petit Atlas occidental ont été tirées d'une étude de M. Le Chatelier.

Le tracé de la côte même est la reproduction de la carte levée par la Commission hispano-marocaine, chargée de rechercher l'emplacement de Santa-Cruz de Mar Pequeña ; quelques additions y ont été apportées à l'aide des notes manuscrites du commandant Le Vallois.

Enfin, la région désertique qui s'étend au sud de l'oued Noun et qui comprend le cours inférieur du Draa, a été esquissée, avec les itinéraires Lenz, Mardochée, Panet, Bou-el-Moghdad, Jannasch et Douls.

Au centre de la carte se trouve amorcé l'itinéraire que traça René Caillié en 1828, à son retour de Tombouctou par le Sahara.

Il a semblé utile de compléter la carte par l'adjonction de quelques plans à grande échelle, des principales villes du Maroc. Les documents utilisés pour leur construction, y sont mentionnés ; l'établissement des plans levés par le commandant Le Vallois, n'ayant pas été terminé avant la gravure de la carte, sauf pour Meknes, on n'a pu introduire qu'un petit nombre de modifications aux tracés existants à l'aide de ses croquis. Quant au cartouche donnant les environs de Tanger et le détroit, il n'est que l'amplification détaillée de la partie correspondante de la carte.

Parmi les diverses transcriptions de l'arabe en français, qui ont été proposées, la plus généralement employée est celle du Service géographique de l'armée.

On a fait usage de cette orthographe, à l'exception du mot kasba, écrit sans l'h final, que la forme arabe ne comporte pas.

DOCUMENTS

AYANT SERVI A L'ÉTABLISSEMENT DE LA CARTE DU MAROC

Adamoli (G.). — Lettere dal Marocco. L'Esploratore, Milan, 1877, avec Schizzo planimetrico dell' excursione in Ducala. 1/100.000e.

Ali bey el Abassi (Domingo Badia y Leblich). — Voyages en Afrique et en Asie pendant les années 1803-1807. Paris, 3 vol., cartes, 1814.

Arteche (J. de) et **Coello (Col. Fr.).** — Descripcion y mapas de Marruecos. Madrid, 1859. Carte et plans.

Attanoux (B. d'). — Notes manuscrites et renseignement oraux sur son voyage de 1894.

Bachir (El Hadj el). — Carte de son voyage à l'oued er Reteb et retour en 1867 (Manusc.).

Balansa (B.). — Voyage de Mogador à Maroc au point de vue botanique. Bull. Soc. géog. Paris, 1867. Carte.

Baradère (Lt-Col.). — Reconnaissance de la côte du Rif. 1/200.000e (manuscrite).

Barth (Dr H.). — Wanderungen durch die küstenländer des Mittelmeeres. Carte. Berlin, 2 vol., 1849.

Beaudoin (Cap.). — Carte de l'Empire du Maroc, au 1.500.000e. Paris, Dépôt de la guerre, 1848.

Beaumier (Aug.). — Itinéraire de Tanger à Mogador. Bull. Soc géog. Paris, 1876. Carte au 800.000e.

Beaumier (Aug.). — Itinéraire de Mogador à Maroc et de Maroc à Saffy. Bull. Soc. géog. Paris, 1868. Carte au 500.000e.

Berquin (Cap.). — Itinéraire de Meknes à Almis, 1884. 3 feuilles manuscrites, 1/100.000e.

Boccard (G. di), Cap. d'état-major. — Prima missione nel Marocco da Tangeri a Fez. Turin, Cosmos, 1888. Plan de Fez, 1/50.000e.

Bonelli (Cap. E.).—Viajes por Marruecos. De Rabat à Mequinez Fez y Tanger en 1882. 1/1.000.000e. Bul. de la Soc. géog. de Madrid, 1883.

Bou el Moghdad. — Voyage par terre entre le Sénégal et le Maroc. Revue marit. et colon., 1861. Carte.

Caillié (René). — Voyage à Tombouctou et à Jenné. 3 vol. Paris, 1831. Carte, 1/1.000.000e.

Caraman (Duc A. de), Lieutt d'état-major. — Reconnaissance de la route de Tanger à Fez en 1825. 1/200.000e. Spectateur militaire. Paris, 1844.

Castries (Cap. H. de). — Notice sur la région de l'oued Draa, avec carte au 1.000.000e. Bull. Soc. géog. Paris, 1880.

Castries (Cap. de), Delcroix et Brosselard (Lieutts). — Carte provisoire du Sud oranais, 15 feuilles, 1/200.000e. Paris, Service géog. de l'armée.

Chavagnac (Comte de). — Itinéraire de Fez à Oudjda en 1881. Bull. Soc. géog. Paris, 1887. Carte au 800.000e.

Cochelet (Ch.). — Naufrage du brick français la « Sophie », perdu le 30 mai 1819 sur la côte occidentale d'Afrique. 2 vol. Paris, 1821. Carte et vues.

Coello (Col. Fr.).—Carte du Maroc sud-occidental. Manuscrite, 1/2.000.000e environ.

Coello (Col. Fr.). — Atlas d'Espagne et des colonies espagnoles, possessions d'Afrique. Ech. diverses.

Coello (Col. Fr.). — Reseña general del Rif. Bol. Soc. geog. Madrid, 1891.

Colomb (Col. de). — Itinéraire de la colonne de 1866 dans le Dahra marocain ; dans la carte de Picard. Bull. Soc. géog. Paris, 1872.

Colville (Cap.). — A ride in petticoats and slippers. Londres, 1880. Carte.

Cora (Guido).— Carta di una parte interna del Marocco Nord. 1/500.000e. Cosmos, 1890-91.

Crema (Cap.).—Missione italiana de Tangeri a Marocco e Mogador, 3 cartes, 1/750.000e et un plan de Maroc, 1/50.000e.

Dastugue (Lt-Col.).— Quelques mots au sujet de Tafilelt et de Sidjilmassa. 3 cartes, 1/1.600.000e et 1/200.000e environ. Bull. Soc. géog. Paris, 1867.

Dastugue (Lt-Col.). — Hauts plateaux et Sahara de l'Algérie occidentale. Bull. Soc. géog. Paris, 1874. Carte.

Davidson (J.). — African Journal. Londres, 1839.

Delbrel (G.). — Notes sur le Tafilelt. Carte au 3.000.000e. Plan du Tafilelt au 500.000e. Plans. Bull. Soc. géog. Paris, 1894.

Douls (Camille). — Itinéraires à travers le Sahara occidental et le sud marocain. Bull. Soc. géog. Paris, 1888. Carte au 2.200.000e.

Duro (Cap. de vaiss. C. F.). — Exploracion de una parte de la costa Noroeste de Africa, avec carte de la « Costa occidental de Africa, econocida.

por la comision del vapor « Blasco de Garay. » 1/750.000e. Bol. Soc. geog. Madrid, 1878.

Duveyrier (H.). — Historique des explorations au Sud et au Sud-Ouest de Géryville. Bull. Soc. géog. Paris, 1872.

Duveyrier (H.). — Note sur l'altitude de Fâs. Idem, 1883.

— Le Chemin des ambassades, de Tanger à Fâs et Meknâs en 1885. Idem, 1886.

Duveyrier (H.). — Liste des positions géographiques en Afrique (Continent et iles). Première partie. Paris, 1884.

Duveyrier (H.). — La dernière partie inconnne du littoral de la Méditerranée. Le Rif. Paris, 1888.

Duveyrier (H.). — Itinéraire de Telemsan à Mlila. Bull. Soc. géog. Paris, 1893. Carte au 360.000e.

Erckmann (Cap. J.).— Le Maroc moderne. Paris, 1885. Carte au 1.500.000e, plans.

Foucauld (Vicomte Ch. de). — Reconnaissance au Maroc, 1883-84, avec atlas de 21 cartes, 1/250.000e et 1/1.000.000e. Paris, 1888.

Fréjus (Roland). — Relation d'un voyage fait dans la Mauritanie en Affrique... Paris, 1670.

Fritsch (Cap. R.). — Le Maroc. Géographie. Organisation. Politique. Paris, 1895. Carte.

Fritsch (von) et **Rein.** — Reisebilder aus Marokko. Mitth. der Ver. für Erdk. zu Halle, 1877.

Gatell (Joaquin). — L'Oued Noun et le Tekna. Bull. Soc. géog. Paris, 1869. Carte.

Gatell (Joaquin). — Description du Sous. Idem, 1871. Carte.

— Viajes en Marruecos. Soc. geog. de Madrid, 1879. Carte et plans.

Graberg di Hemso. — Specchio geografico e statistico dell' imperio di Marocco. Genova, 1834. Carte.

Harris (W. B.).— A journey to Tafilelt. Carte au 1.000.000e. Geographical Journal. Londres, 1895.

Hooker et **Ball.** — Journal of a tour in Marocco and the Great Atlas. Londres, 1878. Carte, 1/1.027.777e.

Intelligence Division, War Office. — Map of Marocco, by Major Dalton, 1/1.584.000e. Londres, 1889.

Intelligence Division, War Office. — Map of Northern Marocco, by Lt Col. Dalton, 1/380.160e. Londres, 1890.

Intelligence Division, War Office. — North East Marocco and adjoining territory, 1/380.160e. Londres, 1892.

Jackson (J. G.). — An account of the empire of Marocco. Londres, 1814. 2 cartes.

Jannasch (R.). — Die deutsche Handelsexpedition, 1886. Berlin, 1887. 3 cartes, 1/500.000e et 1/1.000.000e.

Kessler (Cap.). — Minutes au 400.000e de l'itinéraire de la colonne du général de Wimpffen, 1870. Reproduction photographique.

Lambert (P.). — Notice sur la ville de Maroc, avec plan. Bull. Soc. Géog. Paris, 1868.

Le Chatelier. — Tribus du Sud-Ouest marocain. Bassins côtiers entre Sous et Draa. Publication de l'Ecole des Lettres d'Alger. Alger, 1891.

Lenz (Dr O.). — Timbouctou. Voyage au Maroc, au Sahara et au Soudan. Paris, 1886.

Lenz (Dr O.). — Timbuktu. Reise durch Marokko, die Sahara und den Sudan. Leipzig, 1884.

Lenz (Dr O.). — Carte du voyage dans : Zeitschrift der Ges. für Erdk. Berlin, 1881, 1/1.500.000e.

Le Vallois (Ct-J.-B.). — Notes et carnets manuscrits ; croquis. Sept feuilles d'itinéraires au 250.000e ; deux feuilles de plans, éch. diverses.

Marcet (Dr). — Le Maroc. Voyage d'une mission française à la Cour du Sultan. Paris, 1885. Carte.

Mardochée (**Le Rabbin**). — Itinéraire de Mogador au Dj. Tabayoudt. Bull. Soc. géog. Paris, 1875. Carte, 1/1.450.000e.

Martin (Cap.). — Itinéraire de Mazagan à Maroc et de Maroc à Mogador, 1882. 1/500.000e. Manuscrit.

Martinière (P. de La). — Itinéraires d'Alkazar à Ouezzan et de Ouezzan à Meknes. Revue de géog. Paris, 1885-86. 1/200.000e.

Martinière (P. de La). — Altitudes hypsométriques déterminées au Maroc. Comptes rendus de la Soc. géog. Paris, 1886.

Martinière (P. de La). — Morocco. Journeys in the kingdom of Fez and to the court of Mulai-Hassan. Cartes et plans. 1/200.000e. Londres, 1889.

Martinière (P. de La). — Itinéraire de Fez à Oudjda suivi en 1891, avec carte 1/600.000e env. Bull. géog., hist. et descript., 1893, Paris.

Martinière (P. de La). — Voyage de Fâs à Taroudant et Mogador en 1891, dans la carte du serv. géog. de l'armée (1891).

Messina e Iglesias (D. F. M. de), **Marques de la Serna**. — Atlas historico con presencia de los documentos oficiales..... de la guerra de Africa, Sostenida por la nacion Española contra el imperio Marroqui en 1859-60. Cartes et plans, 1/50.000e et 1/20.000e. Vues. Madrid, paru en 1861.

Mhammed ben Rahal. — A travers les Beni-Snassen. Bull. Soc. géog. et arch. de la province d'Oran, 1889. Carte

Moulléras (Aug.). — Le Maroc inconnu. Première partie. Expl. du Rif. Paris et Alger, 1895.

Otal y Rautenstrauch (M.). — Croquis del fondeadero y costa proxima à la boca del rio Ifni, 1/10.000^e. Bol. Soc. geog. Madrid, 1878.

Panet (Léopold). — Relation d'un voyage du Sénégal à Soueira (Mogador). Revue coloniale. Paris, 1850, avec une carte.

Playfair (Lt-col. sir Lambert) et Brown (Dr R.). — A bibliography of Morocco, from the earliest times to the end of 1891. Roy. geog. Society, Supplementary Papers, vol. III, part. 3. Londres, 1893.

Portes (Des) et François (Lieuts de vaiss.). — Itinéraire de Tanger à Fez et à Meknes. Carte, 1/1.500.000^e. Bull. Soc. géog. Paris, 1878.

Quedenfeldt (Lieut). — Bemerkungen zu der von zusammengestellten karte des Westlichen Sus, Nun und Teknagebietes, Zeitsch. der Ges. d. Erdk. Berlin, 1887.

Renou (E.). — Description géographique de l'Empire du Maroc. Expl. scient. de l'Algérie. Vol. VIII, 1 carte au 2.000.000^e. Paris, 1846.

Riley (J.). — Loss of the american brig « Commerce. » Londres. 1817.

Rohlfs (Gerhard). — Original karte von — reisen in central süd Marokko (Atlas, Tafilet, Draa), 1862-64, 1/2.000.000^e. Carte de l'oasis de Tafilet, 1/1.000.000^e. Petermann's Mittheilungen, 1865.

Rohlfs (Gerhard). — Karte zur übersicht der reisen von — in Marokko, 1861-64, 1/1.000.000^e. Idem, 1865.

Rohlfs (Gerhard). — Original karte von — reisen durch die Oasen von Tuat und Tidikelt, etc., 1/2.000.000^e. Idem, 1865.

Rohlfs (Gerhard). — Resultate der Rohlfs'schen Höhenmessungen in Marokko und Tuat. Idem, 1866.

Schaudt (Jakob). — Itinéraire (Tiré de la carte du Dr Paul Schnell).

Schnell (Dr Paul). — Das Marokkanische Atlasgebirge, avec : Das Sultanat Marokko. Carte au 1.750.000^e. Cartouche : Umgebung von Marokko, 1/1.000.000^e. Petermann's Mitth. Ergänzungsheft, n° 103. Gotha. 1892.

Soller (Ch.). — Croquis de l'itinéraire de M. Soller dans les comptes rendus de la Soc. de géog. Paris, 1881.

Thomson (J.). — A journey to Southern Morocco and the Atlas Mountains. Proc. R. geog. Soc. Londres, 1889. Carte, 1/1.027.777.

Thomson (J.). — Travels in the Atlas and Southern Morocco. A Narrative of exploration. Londres, 1889.

Tissot (Ch.). — Itinéraire de Tanger à Rbat. Bull. Soc. géog., 1876, avec : Esquisse topographique d'une partie du royaume de Fez, 1/500.000^e.

(Tissot Ch.). — Note sur l'ancien port d'El Ghat (Oualidiya). Plan. Bull. Soc. géog. Paris, 1875.

Tissot (Ch.). — Recherches sur la géographie comparée de la Mauritanie Tingitane. Extr. des mém. présentés à l'Académie des Inscriptions et Belles-Lettres, 1877. 3 cartes, 1/250.000e et 1/2.000.000e.

Trotter (Cap. Ph. D.). — Our mission to the court of Morocco in 1880. Edinburgh, 1881, Carte.

Vincendon-Dumoulin et de Kerhallet. — Description nautique de la côte Nord du Maroc. Paris, Serv. hyd., 1857.

Vincendon-Dumoulin et de Kerhallet. — Manuel de la navigation dans le détroit de Gibraltar. Idem.

Vincendon-Dumoulin et de Kerhallet. — Manuel de la navigation à la côte occid. d'Afrique. Idem.

Washington (Lieut[t]). — Geographical notice of the Empire of Morocco. Journal. R. geog. Soc. Londres, 1831. Carte.

Wimpffen (G[al] de). — L'expédition de l'oued Guir. Bull. Soc. géog. Paris, 1872, avec carte dressée par E. Picard au 800.000e.

Voyez aussi Kessler (cap.).

Cartes marines françaises. — Du détroit de Gibraltar aux îles Zafarines, n° 1711. Paris, serv. hyd. Edit. de 1893.

Cartes marines françaises. — Mouillage de Tétouan, n° 1700. Idem.

— Mouillage de Ceuta, n° 1723.

— De la pointe Blanca à la pointe Malabata, n° 1718.

Cartes marines françaises. — Tanger et ses atterrages. De la pointe Malabata au cap Spartel, n° 1701.

Cartes marines françaises.— Ports et mouillages sur la côte ouest du Maroc. El Araish, Rabat et Salé, Dar-el-Beïda ou Casa-Blanca, Mazaghan, Safi, Agadir ou Santa-Cruz, n° 4690. Echelles diverses.

Cartes marines françaises. — Plan de Mogador dans le numéro 1165 : Du détroit de Gibraltar au cap Ghir.

Cartes marines anglaises. — Cape Spartel to Azimur, n° 1227. London, hyd. office.

— Azimur to Santa Cruz, n° 1228.

— Santa Cruz to Cape Bojador, n° 1229.

Service géographique de l'armée.— Carte provisoire du Maroc, 1/500.000e. 13 feuilles. Paris, 1894. Ne se trouve pas dans le commerce.

Service géographique de l'armée. — Carte d'Algérie. 1/200.000e, feuille 41.

CARTOGRAPHIE AFRICAINE

Afrique (carte de l') au 2.000.000ᵉ, dressée au Service Géographique de l'Armée en 63 feuilles. Nouvelle édition en 3 couleurs en cours de publication (33 feuilles publiées au 1er décembre 1896).
La feuille.. 1 fr. »
Edition en noir, montagne en bistre. La feuille.......... 0 fr. 50
Tableau d'assemblage, grand format.................... 0 fr. 50

Afrique (carte de l') au 4.000.000ᵉ, dressée par H. Habenicht en 12 feuilles, 3ᵉ édition, 1892. Prix de la carte complète............... 22 fr. 50
Chaque feuille séparément........................... 2 fr. 50

Afrique (carte de l') au 8.000.000ᵉ, dressée au Service Géographique de l'Armée, en 6 feuilles et en couleurs. La feuille.......... 1 fr. 50

Afrique (carte de l') au 10.000.000ᵉ, dressée par les soins de la Société de Géographie de Paris, 1 feuille grand univers (100 × 130), en couleurs avec un index alphabétique...................... 7 fr. 50

Afrique (carte de l') au 18.850.000ᵉ, dressée sous la direction de H. Barrère (Extraite de l'Atlas Usuel de Géographie Moderne).
1 feuille jésus en gravure sur cuivre.................... 1 fr. 50

Algérie (carte topographique de l') au 50.000ᵉ, gravure sur zinc en sept couleurs. En cours de publication (132 feuilles publiées au 1er décembre 1896). La feuille................................ 1 fr. 50

Algérie (carte de l') au 200.000ᵉ, gravée sur zinc en quatre couleurs. En cours de publication (25 feuilles publiées au 1er décembre 1896). La feuille.. 0 fr. 70

Algérie (carte de l') au 800.000ᵉ, gravée sur zinc en 6 feuilles et en couleurs. Cette carte s'étend jusqu'au sud d'In-Salah. La feuille. 1 fr. »

Alger (carte de la province d') au 400.000ᵉ en 2 feuilles et en noir.
La feuille.. 0 fr. 50

Constantine (carte de la province de) au 400.000ᵉ, en 2 feuilles et en noir.
La feuille.. 0 fr. 50

Oran (carte de la province d') au 400.000ᵉ, feuille nord gravée en noir.. 0 fr. 50

Oranais (carte du sud) au 400.000ᵉ, en 4 feuilles. La carte complète 2 fr. »

Oranais (carte du sud) au 200.000ᵉ, en 15 feuilles et en couleurs.
La feuille.. 1 fr. »

Tunisie (carte topographique de la) au 50.000ᵉ, gravure sur zinc en sept couleurs. En cours de publication (23 feuilles publiées au 1er décembre 1896). La feuille............................ 1 fr. 50

Tunisie (carte de la) au 200.000ᵉ, dite de reconnaissance en 31 feuilles, gravée sur zinc en couleurs. La feuille................ 0 fr. 70

Tunisie (carte de la) au 800.000ᵉ, en 2 feuilles............... 2 fr. »

Maroc (carte du) au 1.000.000ᵉ, dressée par R. de Flotte, en 2 feuilles grand aigle, gravure sur pierre en 4 couleurs............ 10 fr. »

Sénégal (carte du) au 750.000ᵉ, dressée par le capitaine Monteil, en 4 feuilles grand aigle et en couleurs...................... 15 fr. »

Soudan français (carte du) au 500.000ᵉ, dressée par MM. Fortin, capitaine d'artillerie de marine et Estrabon, administrateur colonial, en 20 feuilles, gravure sur pierre en 4 couleurs. La feuille..... 2 fr. »

Régions méridionales de la Guinée et du Soudan français (carte des) au 1.500.000ᵉ, dressée par le capitaine Levasseur, en 2 feuilles. 5 fr. »

Haut-Niger au Golfe de Guinée (carte du) au 1.000.000ᵉ, levée et dressée par le capitaine Binger, en 4 feuilles.................. 8 fr. »

Mission Marchand. Le transaigérien. Carte du Bandama et du Bagoé, levée et dressée de 1892 à 1895, par le capitaine Marchand, à l'échelle du 500.000ᵉ en 2 feuilles grand monde....................... 5 fr. »

Côte d'Ivoire. Carte du Bandama, du Grand Lahou à Toumodi, dressée par H. Pobéguin, administrateur colonial, à l'échelle du 150.000ᵉ, en 4 feuilles. La feuille................................ 0 fr. 75

Côte d'Ivoire. Carte de la région côtière comprise entre Fresco et le fleuve Cavally, dressée par H. Pobéguin, de 1894 à 1896, au 150.000ᵉ, en 8 feuilles. La feuille............................... 0 fr. 75

Dahomey (carte du) au 500.000ᵉ, dressée par le commandant Schillemans.. 0 fr. 50

Boucle du Niger (partie orientale). Carte dressée à l'atelier cartographique du Ministère des Colonies, sous la direction de M. Camille Guy, à l'échelle du 2.000.000ᵉ.......................... 1 fr. »

Côtes du Congo français (atlas des) au 80.000ᵉ, dressée par H. Pobéguin, de 1890 à 1891, en 22 feuilles......................... 10 fr. »

Congo français (carte du) au 1.500.000ᵉ, dressée par J. Hansen, en deux feuilles.. 6 fr. »

Madagascar (carte de), dressée par le R. P. Roblet, missionnaire à Madagascar, à l'échelle du 1.000.000ᵉ, accompagnée d'un plan de la ville de Tananarive à l'échelle du 20.000ᵉ.

Prix de la carte en trois feuilles grand aigle............ 12 fr. »

Madagascar (carte de), dressée par le Service Géographique de l'Armée, à l'échelle du 2.000.000ᵉ. Prix de la carte en deux feuilles. 2 fr. 50

Madagascar (carte de) au 2.500.000ᵉ, dressée par H. Barrère, d'après l'Histoire de la Géographie de Madagascar de M. A. Grandidier, membre de l'Institut et les travaux des explorateurs.

Une feuille jésus en 4 couleurs........................ 1 fr. 50

Madagascar. Carte administrative à l'échelle du 2.500.000ᵉ, dressée à l'atelier cartographique du Ministère des Colonies, sous la direction de M. Camille Guy................................. 0 fr. 75

Madagascar. Région centrale à l'échelle du 1.000.000ᵉ, dressée à l'atelier cartographique du ministère des colonies............ 1 fr. »

Imérina (carte topographique de l') au 200.000ᵉ, dressée par A. Grandidier, membre de l'Institut et les RR. PP. Roblet et Colin, missionnaires à Madagascar. Une feuille colombier en 6 couleurs. 6 fr. »

Imérina (carte de la partie septentrionale de l') au 100.000ᵉ, dressée par A. Grandidier, membre de l'Institut et les RR. PP. Roblet et Colin, en trois feuilles.................................... 8 fr. »

Betsileo (carte de la province des) au 300.000ᵉ, levée par le R. P. Roblet et publiée par A. Grandidier, membre de l'Institut.

Une feuille en couleurs.................................. 4 fr. »

35

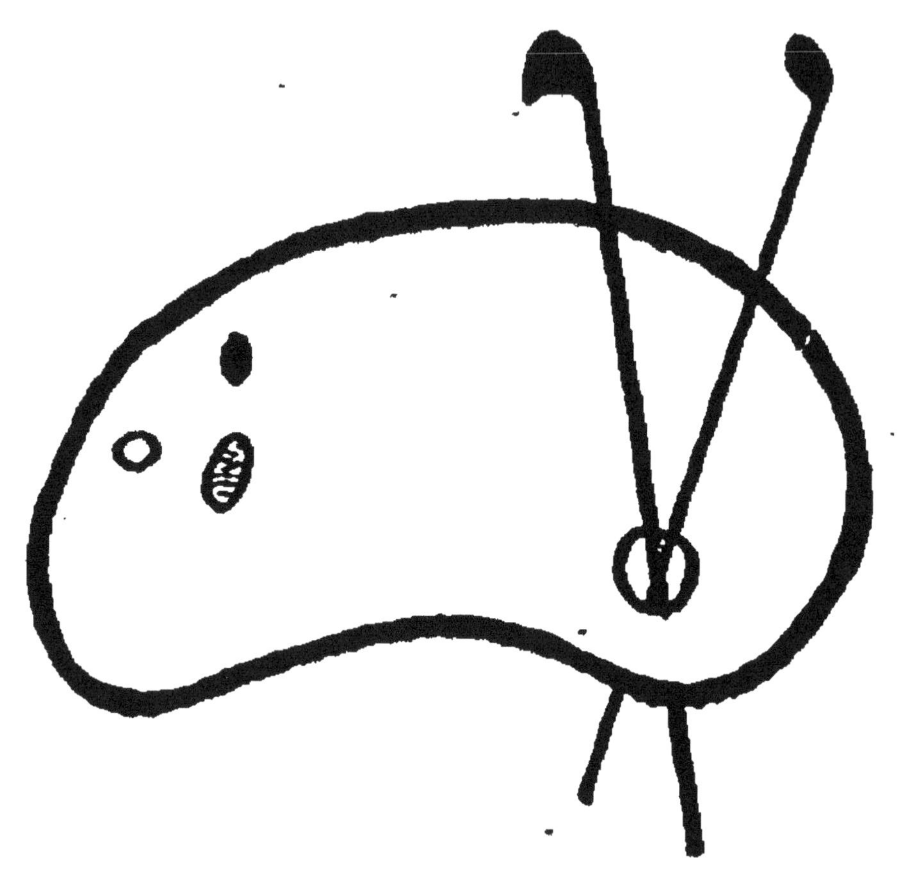

www.ingramcontent.com/pod-product-compliance
Ingram Content Group UK Ltd.
Pitfield, Milton Keynes, MK11 3LW, UK
UKHW020409250726
13967UKWH00006B/2545

9 782012 879911